CRAIG DAMRAUER
NEUE WELTFORMELN

WEITERE TITEL DES AUTORS:
WELTFORMELN

CRAIG DAMRAUER

NEUE WELTFORMELN

DAS LEBEN IST EINE GLEICHUNG

EHRENWIRTH

EHRENWIRTH IN DER VERLAGSGRUPPE LÜBBE

ORIGINALAUSGABE

ÜBERSETZUNG AUS DEM ENGLISCHEN DURCH DAS DEUTSCHE INSTITUT FÜR WELTFORMELFORSCHUNG

UMSCHLAGGESTALTUNG: GISELA KULLOWATZ

SATZ: KREMERDRUCK GMBH, LINDLAR

GESETZT AUS DER INTERSTATE REGULAR CONDENSED

DRUCK UND BINDUNG: TIEN WAH PRESS, SINGAPORE

PRINTED IN SINGAPORE

ISBN 978-3-431-03806-4

5 4 3 2 1

SIE FINDEN UNS IM INTERNET UNTER: WWW.LUEBBE.DE

BITTE BEACHTEN SIE AUCH: WWW.LESEJURY.DE

FÜR ELEANOR

KONZENTRATION =

DIES UND DAS DENKEN – DAS

EINFACH =

KOMPLIZIERT – KOMPLIZIERT

STARREN =

HINSEHEN – ETWAS SEHEN

STREIT =

(MEINE MEINUNG + DEINE MEINUNG + MEINE MEINUNG + DEINE)^{10}

WUTAUSBRUCH =

SICH BEHERRSCHEN – SICH

IGNORIEREN =

HÖREN + TAUBHEIT

NAVI =

WIR
BRAUCHEN
KEINE
KARTE

+

SCHATZ,
FRAG MAL
NACH DEM
WEG

MASCARA =

WIMPERN + WIMPERN

TORKELN =

PIROUETTE – BALLETT

FLITTERWOCHEN =

URLAUB + DU WEISST SCHON WAS²

FAMILIE =

LIEBE

ANDERER KRAM

IN DEN URLAUB FAHREN =

SIND WIR BALD DA?
+ SIND WIR BALD DA?
+ SIND WIR BALD DA?
+ ICH MUSS MAL PIPI
+ SIND WIR BALD DA?

U-BAHN =

BAHN – LANDSCHAFT

HEIMATSTADT =

HERKUNFT + WEGZUG

WELPE =

HUND + SÜSS – DRAUSSEN PINKELN

KINDER =

FREUDE – SCHLAF

BRILLE =

(AUGEN – ALTER) ± STYLE

KOPFHÖRER =

MUSIK – TEILEN

SKATEBOARDEN =

SURFEN + SCHRAMMEN

GEFAHR =

SICHERHEIT – ABSTAND

GIPS =

ARM – BENUTZEN

BLAUES AUGE =

AUGE + VORGESCHICHTE

WALKING =

STEHEN + VORWÄRTS KOMMEN

MARATHON =

LAUFEN
+ LAUFEN
+ WEITER LAUFEN
+ JA, IMMER NOCH WEITER LAUFEN

ANABOLIKA =

(DEIN KÖRPER – REALITÄT) + WUT

BOTOX =

(DEIN GESICHT – REALITÄT) – MIMIK

FINANZKRISE =

MÄRKTE + SCHWERKRAFT

GIER =

ICH

DU

HEDGEFONDS =

GELD + HOKUSPOKUS

ABFINDUNG =

MIESER JOB[10] + BELOHNUNG[10]

REALIST =

PESSIMIST + GUTE PR

STÖRFALL =

ALLES
UNTER
KONTROLLE

+

DIE
MENSCHLICHE
NATUR

VORSICHT =

$$\frac{\text{SICHERHEIT}}{\text{ABENTEUER}} \pm \text{HELM}$$

KATALOG =

SHOPPING – ANPROBIEREN

PERLE =

SAND + SPUCKE + ZEIT

PUZZLE =

BILD

100

JURA =

$$\frac{\text{GESELLSCHAFT}}{\text{ICH}} + \text{KRYPTOGRAFIE}$$

FEIGLING =

WAS
PASSIEREN
KÖNNTE

—

ES
HERAUS-
FINDEN

VETTERNWIRTSCHAFT =

FREUNDSCHAFT / QUALIFIKATION + GOLF

MONARCHIE =

(HERRSCHER + INZEST) – WAHLEN

KLIMAWANDEL =

IMMER
SUPER — HOLLAND
WETTER

BIODIESEL =

MERCEDES – SCHLECHTES GEWISSEN

EXPOSÉ =

WAS ICH
VORHABE — ES TUN
ZU TUN

GEHEIMNIS =

FLÜSTERN – NOCHMAL FLÜSTERN

TEILEN =

MEINS + DEINS

EINRAD =

FAHRRAD + FREAK

SCHLANGENMENSCH =

FÜSSE

KOPF

GEBISS =

ZÄHNE – NACHT

BÄR =

HUND^3 – STREICHELN

FRESSEN =

ESSEN

ZEIT

FAST FOOD =

ESSEN – (ZEIT + GESUND)

NEKTARINE =

PFIRSICH + RASIERER

LECKER =

MMM + MMM

NOSTALGIE =

ALLES,
WAS NICHT
SO TOLL
WAR

—

SICH
DARAN
ERINNERN

STRESS =

ALLES, WAS ICH NICHT KONTROLLIEREN KANN

ALLES, WAS ICH KONTROLLIEREN KANN

ABSTAUBEN =

KRAM – ZEIT

PERFEKTIONISMUS =

ES GUT
SEIN — LASSEN
LASSEN

FRAG MAMA =

UNENTSCHLOSSENHEIT + HINHALTEN

INTERESSE AN MAMAS MEINUNG

FRAG PAPA =

NEIN

LUST AUF NEINSAGEN

STEUERN =

$$\left(\frac{\text{DEIN GEHALT}}{\text{STRASSEN + SCHULEN + KRIEGE}}\right)^{\text{BÜROKRATIE}}$$

OSTERHASE =

(WEIHNACHTSMANN – BART) + OHREN

APRIL =

MÄRZ + OPTIMISMUS

EHERING =

SYMBOL – 400 EURO

PIRAT =

(DIEB + SCHIFF + KOPFTUCH) – BEIN

SPEZIALSAUCE =

KETCHUP + MAYO + WICHTIGTUER

ROBOTER =

BRING MIR
EIN BIER – NEIN

LACHEN =

HA x 3

DURCHHALTEN =

ES VERSUCHEN NOCHMAL

DEADLINE =

KÖNNTE
BESSER SEIN

–

DAS
ZUGE-
BEN